自己动手做

零食

黄 蕾 主编

U0385960

黑龙江出版集团

黑龙江科学技术出版社

图书在版编目（ＣＩＰ）数据

自己动手做零食 / 黄蕾主编. -- 哈尔滨 ： 黑龙江科学技术出版社，2017.4
ISBN 978-7-5388-9087-7

Ⅰ．①自… Ⅱ．①黄… Ⅲ．①小食品－制作 Ⅳ．①TS205

中国版本图书馆CIP数据核字(2016)第306859号

自己动手做零食
ZIJI DONGSHOU ZUO LINGSHI

主　　编	黄　蕾
责任编辑	王　姝
摄影摄像	深圳市金版文化发展股份有限公司
策划编辑	深圳市金版文化发展股份有限公司
封面设计	深圳市金版文化发展股份有限公司
出　　版	黑龙江科学技术出版社
	地址：哈尔滨市南岗区建设街41号　邮编：150001
	电话：（0451）53642106　传真：（0451）53642143
	网址：www.lkcbs.cn　www.lkpub.cn
发　　行	全国新华书店
印　　刷	深圳市雅佳图印刷有限公司
开　　本	723 mm×1020 mm　1/16
印　　张	11
字　　数	120千字
版　　次	2017年4月第1版
印　　次	2017年4月第1次印刷
书　　号	ISBN 978-7-5388-9087-7
定　　价	36.80元

零食，我人生最忠诚的伙伴

说到零食，最开始的记忆就是五六岁时的龙丰方便面，捏碎了，嚼着吃，对于那时的我来说简直是人间美味。

小学花1毛钱买一袋忍者神龟，干吃酸酸甜甜的，冲水喝甜甜酸酸的，美味极了，不过我还是喜欢干吃，因为口味重嘛！但是口味重的我也敌不过无花果的酸，一袋直接倒进嘴里，顿时舌底鸣泉，酸得浑身抖擞，剩下满是白色粉末的嘴唇和热泪盈眶的双眼……

小时候一直爱吃雪糕，记得伊利苦咖啡刚出的时候，1块5一根！哇，没吃过那么贵的雪糕！后来就开始1块6、1块7、1块8，可惜，我小学没有那么多零花钱啊！但是我有一个家里开小卖店的好朋友，有一天她买了根伊利苦咖啡，还让我跟她共享，可惜后来慢慢不联系了，但我一直记得和她一起吃苦咖啡雪糕的事情。

现在的我爱吃奶香味的东西，也是从小时候的雪人雪糕培养起来的，浓郁香滑的奶味，现在想起都馋嘴！那时我的弟弟跟我说他也爱吃雪人雪糕，他跟叔叔打赌说一次能吃一箱，然后叔叔就真的给他买了一箱，50根……不过弟弟也是够强悍的，他真的一次吃了40多根……我的天呐！如果你再也不想吃某个东西，那就这么干吧！

我家斜对面是个汽水厂，资源就在我家门口，不喝真是浪费了，于是成箱成箱地去买！我跟表弟经常用钉子把瓶盖扎几个眼来喝，要么就是一直用力地用嘴裹着喝，要么就是把瓶子晃啊晃然后直接往嘴里倒，这样汽水就可以借助气体喷出来了。不管哪种方式，喝起来都挺累的，在儿时却觉得：好玩就行。

初中时是我吃零食的第一个高峰期，澳华锅巴开启了我爱零食的大门，它有两个味道，麻辣味和甜玉米味的，各有各的特点，那时很爱吃麻辣味的，有一次尝了一口玉米味的，发现也很好吃。只不过高中之后再去找这种锅巴，味道全变了，也见不到以前的那种锅巴了，当然品质是好了，可是再也找不回儿时的味道了！没办法，伴随我那个时光的，是那种透明简装的澳华锅巴呀！

　　到了高中，就开始住校了，第一次离家，什么都要自己学着去做，包括"吃"也是一样。吃完午餐后，经常会跑到学校小卖店买零食，那时最爱吃的就是周劲松辣片，现在想想其实就是辣条的前身，一片腐竹上面有辣椒有孜然……啊！那不就是烧烤的味道。

　　大学时就会清晰一些：薯片、瓜子、花生、酸奶、威化、奥利奥等零食一拥而上，各种各样的夹心饼干、面包糕点等，简直就是把零食当饭吃的状态。不过这样吃零食真的把自己吃伤了，于是立志要戒零食一年，真的哦！一粒瓜子都没有吃过，戒了那一年后就又继续我的零食之旅了！

　　我爱甜食，现在最爱的就是芝士蛋糕。记得有一次吃到一块巧克力，香甜润滑的那个瞬间是我满满的感动，热泪盈眶，感觉时间都凝固了，整个人定格在那里，终于体会到为何吃甜食会让人有幸福的感觉了……

　　零食于我，真的是忠诚的伙伴，伴随我成长，形影不离。开心的时候吃零食，它会让你更开心；不开心的时候吃零食，它会转移你的不开心！

　　吃零食是快乐的、享受的，但不一样的是：我现在对品质有了很高的追求，味道好、口感佳都是辅助，最重要的是健康。现在不管吃什么，首要的是对身体健康，毕竟照顾好自己的身体后才可以吃更多的零食嘛！

目 录
Contents

Chapter 1 零食那些事儿

Chapter 2 陪伴悠闲时光，
家中常备的多样小食

Chapter 3 麦香与奶香交响曲，
优雅的西式点心

Chapter 4 记忆里的味道，属于我们的经典零食

Chapter 5 尽享丝滑好滋味，甜蜜芬芳的爱心甜品

Chapter 1

零食那些事儿

　　甜滋滋的糖果、酥脆的饼干、美味的牛肉干、酸甜开胃的果丹皮、让人止不住欲望的章鱼小丸子，都是勾起你记忆中的小零嘴，而这也是家长眼中的"垃圾食品"。还记得小时候背着爸爸妈妈偷吃零食吗？

POINT: 原来是我误解了零食

平时，我们不但吃正餐，偶尔嘴巴寂寞了，还会吃一些零食。一说起零食，你脑子里浮现的可能就是薯片、饼干，甚至认为是垃圾食品、不健康的。其实，是我们误解了零食。

首先，零食不等于垃圾食品。有一些"零食"对我们的健康也是有益的，比如可以作为糖尿病人加餐食品的零食。

如何区分零食的"好"和"坏"？

零食主要分三级。第一级是"优选级"；第二级是"条件级"，吃这些零食的时候是要考虑"条件"的，如果你已经体重超标，那么一定要适量选择"条件级"零食，这些零食可以补充一些营养，但是要注意控制量的问题；第三级是"限制级"零食，这些食品偶尔尝试可以，多吃无益。

零食该不该吃，关键看以下几点：吃什么，吃多少，什么时间吃。把握住这三条，就可以让你在享受饮食乐趣的同时，又不胖又快乐。

优选级零食
水果、坚果、奶制品等

水果中富含丰富的维生素C和钙、钾及膳食纤维等营养成分，这些成分对维持身体的新陈代谢、抗氧化、防衰老等方面能起积极作用。

坚果是一类营养丰富的食品，除富含蛋白质和脂肪外，还含有大量的维生素E、镁、钾、单不饱和脂肪酸和多不饱和脂肪酸及较多的膳食纤维，对健康有益。

奶制品包括酸奶、牛奶、奶酪、奶粉等，营养价值高、容易消化，是优质蛋白、维生素A、维生素B_2和钙的良好来源，加餐的时候来杯酸奶是不错的选择。

2 条件级零食
巧克力、鱼片、海苔、果干等

巧克力可以吃，吃多了可能会让女孩子肥胖、脸色不好，但这其中不包括黑巧克力。黑巧克力的糖油相对少一点儿，而且还含有很好的类黄酮类抗氧化成分，对心血管疾病的抗氧化防护能力比较强。要注意的是肥胖、血脂高、冠心病、胰腺胆囊有疾病、糖尿病的人绝对不能敞开了吃黑巧克力，要吃每次只能吃一小块。

鱼片和海苔是营养不错的零食，能提供蛋白质、膳食纤维、碘等营养素，但是由于含盐量高，所以要注意摄入量。

果干如葡萄干、柿饼、无花果等，营养丰富，但是含糖量高，所以要适量食用。

3 限制级零食
果冻、膨化食品、腌制食品、曲奇等

这一级的零食以精细加工为特征，在加工过程中往往会添加不利于人体健康的添加剂，如过多的盐、糖、香精、色素、含铝的膨化剂、含反式脂肪酸的起酥油以及含有亚硝酸盐的防腐剂等，这些都是"臭名昭著"的健康大敌。膨化食品更被称为"垃圾食品"，是公认的"坏"零食，尽量少吃，最好不吃。

零食这样吃才健康

一定要在不影响正餐的前提下，合理选择，适时、适度、适量食用，必要时限制食用。合理选择，就是要根据自身的情况，不能盲目吃，一定要选择那些健康食品；适时、适度、适量，就是为了自身的健康，吃零食要做到心中有数、适可而止。

1. 吃零食不要妨碍正餐

既然叫零食，就不能多吃。专家提醒大家：不停地吃零食，会让肠胃"过劳"，造成消化功能紊乱；小孩子吃多了零食会影响正餐，造成偏食、厌食，甚至营养不良。

吃零食不能妨碍正餐，只能作为正餐必要的营养补充。但有些儿童，还有一些女孩子，零食不离口，做作业时吃、走路时吃、聊天时吃、看电视时吃、休息时吃、睡觉前吃……这样的吃法等于用零食代替正餐了。

胃被零食填得满满当当的，产生了饱腹感，吃正餐时就没什么食欲了；可过了一段时间，又产生了饥饿感，正餐已过，于是又大量吃零食。久而久之，消化功能就会发生紊乱，必然影响到身体健康。

因此，吃零食与正餐之间至少相隔两小时左右，且量不宜过多，以不影响正餐食欲和食量为原则。

2. 要选择新鲜、天然、易消化的食品

奶类、蔬果类，还有坚果类，都很有营养。选择零食不要只凭个人的口味与喜好，营养价值及有利于健康才是首选。应该提醒的是，儿童要远离膨化食品和一些不合格的烘干食品。

3. 少吃油炸、过甜、过咸的食物

儿童最喜爱吃快餐、方便面，而且偏重口感和味道，油炸、甜腻、咸味重的零食对孩子们有着相当大的吸引力。但油炸和过甜的食品含有较多的脂肪和热量，会有肥胖的危险；咸味过重的零食会有成年后患高血压的危险。

POINT2 材料准备

会用到的
基本工具

基本工具

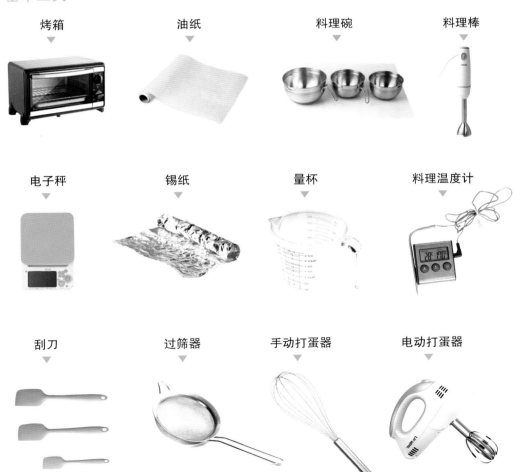

| 烤箱 | 油纸 | 料理碗 | 料理棒 |

| 电子秤 | 锡纸 | 量杯 | 料理温度计 |

| 刮刀 | 过筛器 | 手动打蛋器 | 电动打蛋器 |

鲷鱼烧模具
▼

玛德琳模具
▼

冰淇淋勺
▼

章鱼小丸子模具
▼

棒棒糖模具
⌄

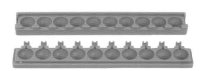

冰淇淋机
▼

推推乐模具
▼

裱花嘴
▼

水果

水果虽然本身是独立的零食，但是同时也可以用来装饰蛋糕、加入甜品，是做花样零食健康又美味的天然好选择。

淡奶油

建议使用动物性淡奶油，脂肪含量一般在30%~36%，打发成型后就是蛋糕上面装饰的奶油了，比植物奶油更健康。

无盐黄油

黄油是必不可少的材料，让你的零食散发醇香的味道。除了用来做糕点、蛋糕之外，还可以做菜，家庭必备。

鸡蛋

各式甜点里都有鸡蛋的身影，小小的鸡蛋经过配方的调用，与不同的食材打发、混合就能变换出不一样的点心。

泡打粉

泡打粉是一种复合膨松剂，又称为发泡粉和发酵粉等，可用于面包、糕点、饼干等面制食品的快速制作。

糖粉

糖粉为洁白的粉末状糖类，颗粒非常细，可以用来装饰饼干、蛋糕等，也可以增加甜味。

可可粉

有浓烈的可可香气，可用于巧克力、饮品、牛奶、冰淇淋、糖果、糕点及其他食品，也可用于装饰。

低筋面粉

指水分13.8%、粗蛋白质8.5%以下的面粉，用于做蛋糕、饼干、蛋挞等松散、酥脆、没有韧性的点心。

牛奶

牛奶是营养价值丰富的饮品之一，多直接饮用，也是我们做饮料、甜点、糖果等小零食的重要材料。

酸奶

酸奶的用处可多啦！可以用来做雪糕，还能加在打发的蛋白中，做酸奶味的点心噢！

消化饼干

消化饼干是一种起源于英国的微甜饼干，它不仅是较好的零食，同时还是做零食的好材料。

POINT3 储备有方法，不同零食的保存

通常我们的零食都会尽快吃完，当然也不乏做多一些储备在家的情况，也有吃不完的时候。那么吃不完的零食怎么储存才不会变质变味呢？一起来看看吧！

1.糖果巧克力类

*把要保存的糖果用包装袋或密封盒子套住，然后放进冰箱保存。

*巧克力放在15~22℃的干燥阴凉处，夏天在空调房间内保持这样的温度存放，以免巧克力软化。

*不要与香味重的其他东西放在一起，巧克力容易吸味，这样会导致巧克力的味道变化。

*不可将巧克力放在冰箱储存，因为冷热变化会使巧克力表面发白，这是油脂分泌所致，不影响产品本身质量，只是比较难看，使很多人认为是产品变质。

2.坚果类

*干果一定要放在干燥的环境里，以免受潮，一般放在通风好的地方更好。用塑料袋等包扎好再保存。

*稳妥的保存方式是放在密闭容器里。相比塑料瓶子，玻璃瓶要好一些，玻璃性质稳定，不会挥发有害物质，但要保证干燥、干净后再放入干果。

*如果要储存的干果比较多，那就适当地使用干燥剂，存放干果的效果最好了。注意干燥剂不要食用，特别是不能让小孩拿到，以免误食。

3.烘焙类

*蛋糕最好尽快食用，需要时可密封冷藏1~5天，要避免和冰箱其他味道重的物品一起摆放而串味。

*饼干类和酥饼类不能放冰箱里以免受潮。

*不吃的面包和饼干都要密封起来，放置在阴凉、干燥的地方，常温保存就可以了。

*面包与饼干不宜一起存放。面包含水分较多，饼干一般干而脆，两者如果存放在一起，容易使面包变硬，饼干也会因受潮而失去酥脆感。

Chapter 2

陪伴悠闲时光，家中常备的多样小食

看电视、看书、玩游戏，这些休闲时光怎能少得了零食的陪伴？家中常备小零食，既可以在家随吃随取，又可以带出门游玩时吃。总之，零食就是：随时随地，想吃就吃。

造型饼干

{ 时间：1小时30分钟　难度指数：*** · 工艺：烤
分量：30块 }

材料

低筋面粉	250 克
无盐黄油	120 克
砂糖	100 克
鸡蛋	1个
杏仁粉	50 克
盐	1/4 小勺
泡打粉	1/2 小勺

工具

过筛器、橡皮刮刀各1个，烘焙
垫1块，擀面杖1根，饼干模具3
个，油纸、保鲜膜各1张，电动
打蛋器、烤箱各1台

做 法 🗨

1. 黄油室温软化后，加入盐，分2~3次加入砂糖打发黄油。

2. 将打散的蛋液分次加入黄油中，用电动打蛋器继续搅打，使其呈均匀的黄油糊状态，每次都要搅打至黄油与鸡蛋液完全融合才能加入下一次蛋液，以免出现油水分离。

3. 将低筋面粉、杏仁粉、泡打粉混合过筛，加入打发后的黄油糊中。

4. 使用橡皮刮刀以不规则的方向切拌。

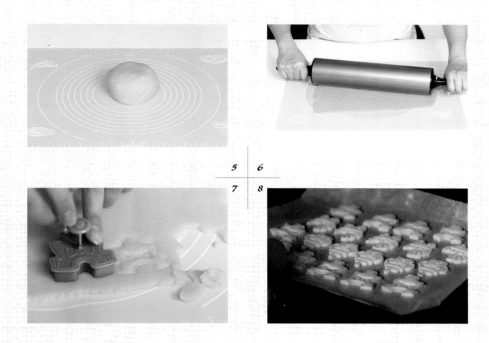

| 5 | 6 |
| 7 | 8 |

5. 搅拌到看不到干粉后,将面糊倒在烘焙垫上,用手揉成面团。

6. 将其擀成厚约0.5厘米的面片,包好保鲜膜,放入冰箱冷藏1小时。

7. 用饼干模具在面片上按压出各种形状,并移至铺好油纸的烤盘上。

8. 烤箱提前预热到170~180℃,烘烤13~15分钟至饼干的边缘呈浅褐色即可。

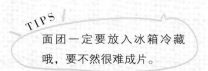

TIPS

面团一定要放入冰箱冷藏哦,要不然很难成片。

抹茶牛奶糖

{ 时间：6小时30分钟 · 难度指数：*** · 工艺：熬 }
{ 分量：20块 }

材料

动物鲜奶油 ——100毫升   水饴 ——————— 15克
细砂糖 ———— 100克   牛奶 —————150毫升
抹茶粉 ———— 12.5克
麦芽糖 ————— 20克

工具

奶锅、料理碗、慕斯圈、面粉筛、烘焙温度计各1个，油纸1张，橡皮刮刀、小刀各1把

做 法

1. 抹茶粉过筛，与85克细砂糖混合后，再次过筛备用；烤盘铺上油纸，放上慕斯圈备用。

2. 把牛奶、动物鲜奶油倒入奶锅中，开小火加热到边缘冒出小泡，离火倒到料理碗里；奶锅洗净，放入水饴与15克细砂糖，用小火熬煮直到砂糖溶解。

3. 分次少量加入牛奶和鲜奶油的混合物，搅拌均匀；沸腾后加入抹茶粉和砂糖混合物，搅拌直到看不到粉为止。

4. 转中火边加热边搅拌，直到熬煮成浓稠状。持续搅拌直到温度加热到110℃离火。

5. 倒入慕斯圈中，用刮刀抹平填满，放凉后再放入冰箱冷藏6小时；待糖凝固之后，将奶糖脱模，用小刀切成小方块即可。

TIPS
熬制糖浆时用厚底不锈钢锅比较好。

太妃糖

{ 时间：30分钟 ▸ 难度指数：*** ▸ 工艺：煮
  分量：8颗 }

材料

淡奶油 ——— 200克
白糖 ————— 80克
麦芽糖 ——— 35克

工具

不粘锅、温度计、硅胶模各1
个，橡皮刮刀1把

做 法

1. 淡奶油倒入不粘锅中，加入白糖，
再倒入麦芽糖，用小火加热。

2. 锅中放入温度计，煮沸奶油至
117℃，熬至用刮刀分开底部时呈现出
糖浆变成浅咖啡色，质感非常浓稠的
状态。

3. 倒入模具中，放凉后脱模即可。

TIPS

1. 模具没有规定，喜欢什么样式的都
可以，建议用小一点儿的模具。
2. 没有模具也可以将糖整理成方形。
趁热用刀切成小方块，再用糖纸包装。

| 1 | 2 | 3 |

鸡蛋芝麻煎饼

{ 时间：3分钟　难度指数：***　工艺：煎
分量：10张 }

材料

全蛋 ---- 170克　　细砂糖 --- 60克
黄油 ---- 140克　　黑芝麻 --- 10克
蛋黄 ----- 30克　　盐 -------- 2克
低筋面粉– 130克

工具

料理碗、面粉筛、煎饼模、晾网
各1个，橡皮刮刀1把

做法

1. 黄油隔水加热熔化。

2. 蛋黄打散后加细砂糖、盐，搅拌均匀至糖溶化。

3. 加入熔化的黄油拌匀后筛入低筋面粉拌匀，再加入黑芝麻，拌匀成为面糊。

4. 预热煎饼模，控一小勺面糊到煎饼模中间，迅速合上煎饼模，小火烘烤40~50秒。

5. 翻面继续烘烤50秒左右。

6. 放在晾网上放凉后即可食用。

TIPS
煎饼变成淡金黄色就可以出炉了。

| 1 | 2 | 4 |

花生牛轧糖

{ 时间：35分钟 · 难度指数：** · 工艺：炒
分量：30颗 }

材料

白色棉花糖	300克
无盐黄油	50克
无糖奶粉	125克
生花生	200克
黑芝麻	100克

工具

烤箱1台，不粘锅、方形烤盘各1个，油布1张，一次性手套1副，擀面杖1根，橡皮刮刀、小刀各1把

1	2
3	4

做 法 🏠

1. 生花生、黑芝麻平铺在烤盘上，烤箱中层上下火150℃，烤20分钟左右至全熟，拿出散去水汽，入烤箱上下火70℃保温。

2. 黄油切成小片，用不粘锅熔化成液体。

3. 加入棉花糖不断翻拌，让棉花糖熔化，和黄油完全混匀至糖浆变稠。

4. 加入奶粉拌匀，至奶粉熔化立即离火。

5. 将花生剥去红皮，与烤好的芝麻加入糖浆里，用刮刀快速混匀。

6. 油布垫在方形烤盘上，把牛轧糖倒进去。

7. 戴上手套，将牛轧糖整理成方形（约1.5厘米厚），再盖上油布，用擀面杖擀平整。

8. 冷却后切成长5厘米、宽1厘米的小块，用糖纸包起来即可。

TIPS
搅拌过程中若棉花糖凝固，
则可再加热10~20秒。

棒棒糖

{ 时间：30分钟 ► 难度指数：***** ► 工艺：煮
  分量：10根圆形棒棒糖 }

材料

珊瑚糖 ————————————————— 220克
纯净水 ————————————————22毫升
可食用糯米纸图案或者可食用花 ————适量

工具

不锈钢复合底锅、棒棒糖模具、
温度计各1个，纸棒10根，喷火
枪1把

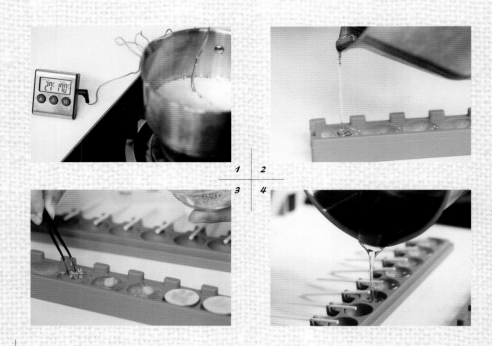

做 法 🗨

1. 珊瑚糖和纯净水混合平铺在锅里，小火持续加热至170℃。

2. 锅离火放在湿布上降温，待糖浆里面的气泡消失，将糖浆倒入棒棒糖模具没有纸棒孔的一面，冷却5分钟左右至表面凝结。

3. 将糯米纸无图案的一面或者可食用花放在糖浆上。

4. 锅里的糖浆继续加热到130℃左右，另一半模具每个插孔都插上纸棒，倒满糖浆。

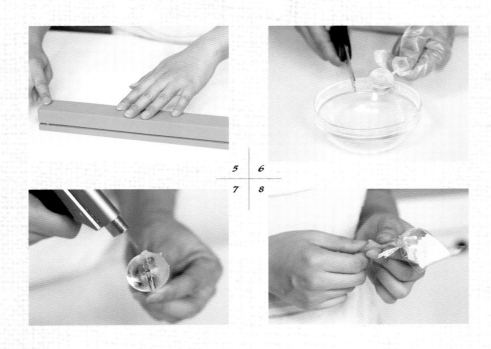

5	6
7	8

5. 迅速将有糯米纸的一面模具反扣在有纸棒的模具上，轻轻压紧。

6. 等待棒棒糖完全冷却，打开模具，棒棒糖的表面会充满细小的气泡，可用剪刀修整多余的糖。

7. 用喷火枪把棒棒糖的表面喷一下，让气泡消失，使其表面变光亮。

8. 待冷却后，用包装袋装入棒棒糖，扎上扎带即可。

TIPS

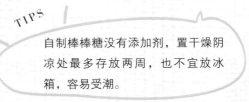

自制棒棒糖没有添加剂，置干燥阴凉处最多存放两周，也不宜放冰箱，容易受潮。

曲奇饼干

{ 时间：30分钟 ▶ 难度指数：**** ▶ 工艺：烤
  分量：25块 }

材料

黄油	65克
盐	0.5克
糖粉	20克
细砂糖	15克
低筋面粉	90克
杏仁粉	10克
鸡蛋	25克

工具

电动打蛋器、烤箱各1台，裱花袋、裱花嘴、晾网各1个，锡纸1张，橡皮刮刀1把

同步视频 "码" 上看

033

1	2
3	4

做 法 🏷

1. 黄油软化后加入盐、糖粉，用电动打蛋器搅拌均匀。

2. 分两次加入细砂糖，用电动打蛋器搅拌均匀。

3. 分次加入鸡蛋液，用电动打蛋器搅拌均匀，待每次鸡蛋液被黄油完全吸收再加入下一次。

4. 分次筛入低筋面粉与杏仁粉，用橡皮刮刀以切拌的方法拌匀，至看不到干粉即可。

5 | 6
7 | 8

5. 烤箱预热，烤盘铺上锡纸；将裱花嘴装入裱花袋中，再把面糊装入裱花袋中。

6. 在烤盘上挤出花型一致、大小均等的曲奇。

7. 放入烤箱中层，上下火170℃，烘烤20分钟左右。

8. 曲奇烤好后出炉，放在晾网上放凉再装盘。

TIPS

注意裱花嘴需要和烤盘垂直并距离1厘米左右，不要紧贴着烤盘。

手指饼干 🥄

{ 时间：25分钟 - 难度指数：*** - 工艺：烤
分量：24根 }

材 料

低筋面粉-----------------------60克
细砂糖 ------------------------37克
鸡蛋-------------------------1个

工 具

面粉筛、料理碗、鸡蛋分离器、
橡皮刮刀、裱花袋、裱花嘴各1
个，油纸1张，电动打蛋器、烤
箱各1台

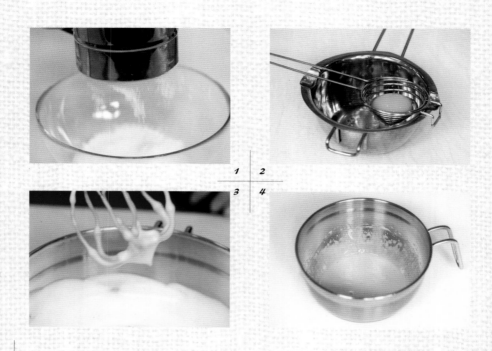

1 | 2
3 | 4

做 法 🗁

1. 低筋面粉过筛备用。

2. 用鸡蛋分离器分离蛋清和蛋黄。

3. 27克细砂糖分3次加入蛋清打发至干性发泡。

4. 蛋黄加10克细砂糖打发至发白浓稠状。

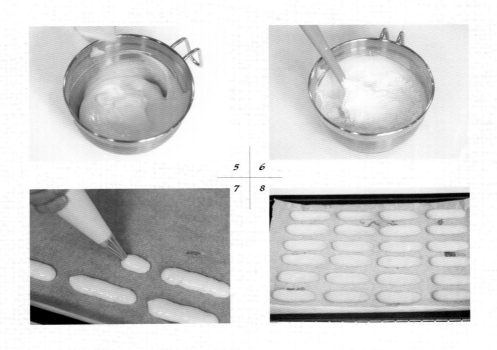

<table>
<tr><td>5</td><td>6</td></tr>
<tr><td>7</td><td>8</td></tr>
</table>

5. 烤箱预热170℃，烤盘上铺好油纸，打好的蛋白和蛋黄混合均匀。

6. 加入面粉翻拌均匀至看不见干粉。

7. 装入放好裱花嘴的裱花袋中，在烤盘上挤出大小均匀的长条，注意留出缝隙。

8. 放入烤箱中层，温度设置160℃，烤25分钟，至表面金黄即可。

TIPS
蛋白一定要打到干性发泡的程度。

香脆薯条

时 间：6小时35分钟 难度指数：** 工艺：油炸
分 量：1人份

材 料

土豆 ---- 350克

盐 -------- 5克

食用油 --- 适量

工 具

炸锅、晾网、削皮器各1个，
刀1把

做 法

1. 将土豆洗净，削皮，切成长条，在清水中加入盐、土豆条，浸泡30分钟，除去里面的淀粉，捞出晾干水分，放入冰箱冷冻6小时。

2. 锅里加油烧至八成热。

3. 把冻好的土豆放在油里，搅散，以免粘到一起。

4. 炸成金黄色的时候，尽快捞出来，放在晾网上凉着，要铺开些。

5. 全部炸好之后，再重新放在油里炸一下，这样会比较脆。

TIPS

趁热撒上椒盐，就是椒盐味薯条。也可以挤上番茄酱。

猪肉脯

{ 时间：20分钟 · 难度指数：**** · 工艺：烤
分量：25小片 }

材 料

猪肉 ---- 500克   盐 ------- 适量   鸡精 ----- 少许
白糖 ------ 1勺   白芝麻 --- 适量
生抽 ------ 1勺   蜂蜜 ------ 3勺
花雕酒 ---- 2勺   白胡椒粉-- 少许

工 具

搅肉机、烤箱各1台，锡纸2张，
保鲜膜1张，擀面杖1根

做 法

1. 将猪肉用搅肉机搅碎。

2. 加入白糖、生抽、白胡椒粉、盐、
鸡精、花雕酒调味。

3. 慢慢分次加入清水，顺着一个方向
搅打上劲。加入白芝麻，搅拌均匀。

4. 烤盘上铺好锡纸，锡纸上放上搅匀
的猪肉糜。

5. 猪肉糜上覆上保鲜膜，用擀面杖擀
压，越薄越好。

6. 拿开保鲜膜，在肉糜的表面刷
上蜂蜜。

7. 烤箱预热200℃，放入烤盘，烤
5~8分钟。取出，翻面，换一张锡
纸，另一面也刷一层蜂蜜，再次送
入烤箱烤5~8分钟。将两面水分烤
干，均烤成金黄色，即可出炉。

8. 待冷却后剪成合适的大小即可。

香辣牛肉干

{ 时 间：2小时30分钟　难度指数：***　工 艺：烤
分 量：45根 }

材 料

牛肉 ————————————————800克

老抽 ————————————————15毫升

生抽 ————————————————5毫升

糖 ——————————————————5克

盐 ——————————————————5克

桂皮 ————————————————1小片

香叶 ————————————————3片

姜 ——————————————————3片

花椒 ————————————————5克

料酒 ————————————————30毫升

五香粉 —————————————1克

咖喱粉 —————————————1克

辣椒粉 —————————————2克

工 具

烤箱1台，汤勺、刀各1把，陶瓷
锅1个，料理碗2个

同步视频"码"上看

1	2
3	4

做 法 📢

1. 将牛肉洗净，切成手指粗的条状。

2. 将牛肉条放入锅中，加入冷水。

3. 锅中放入香叶、桂皮、花椒、姜片、料酒。

4. 烧至水开后撇去浮沫，盖上盖子继续煮30分钟左右。

5. 捞出牛肉条沥干备用。

6. 将老抽、生抽、糖、盐、咖喱粉、五香粉、辣椒粉混合拌匀，加入牛肉条，拌匀，冷藏腌渍1小时。

7. 将牛肉干与调料汁一起倒入锅中，用小火收干汤汁。

8. 烤箱预热140℃，实际烘烤130℃，烤30分钟左右即可。

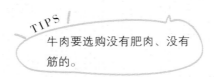

TIPS

牛肉要选购没有肥肉、没有筋的。

盐焗腰果

{ 时间：29小时30分钟 ▸ 难度指数：** ▸ 工 艺：烤
分量：200颗 }

材料

腰果 ---- 400克
食盐 ---- 350克

工具

烤箱1台，筛网1个

做法

1. 腰果用清水洗干净，再用清水浸泡5个小时，沥干水分，晒24小时。

2. 放入烤盘，用食盐将腰果覆盖。

3. 烤箱事前预热，烤盘放烤箱中层，调为160℃，烤20分钟。在烤的过程中，看见腰果变色时就要翻动，翻动2~3次。

4. 将烤好的腰果倒入筛网里，把盐筛出即可。

TIPS
烤好的腰果要注意密封保存。

富有光泽的表面，诱人的鲜香味，引得人食指大动，咬一口饱满的鸡肉，焦脆的外皮透着滋滋的甜，嫩滑的鸡肉浸着美味的汁水，怎么能停下口呢？

奥尔良烤翅

{ 时间：24小时20分钟 · 难度指数：*** · 工艺：烤
分量：7对 }

材 料

鸡翅 ——————————500克

奥尔良烤翅料 ————35克

清水 —————————35毫升

橄榄油 ————————20毫升

蜂蜜 ——————————适量

工 具

碗、大保鲜盒各1个，刷子1把，
锡纸1张，烤箱1台

做 法

1. 调料和水倒入碗里搅拌。

2. 鸡翅洗净、擦干，用刀在鸡翅两面各划两刀，以便腌渍入味。

3. 鸡翅放入容器，倒入调好的酱汁。

4. 放入橄榄油拌匀，盖上盖子，放入冰箱冷藏腌渍24小时。

5. 烤盘铺上锡纸，烤箱预热200℃。

6. 鸡翅放烤架上，刷一层薄薄的蜂蜜。

7. 烤盘放进烤箱底层，烤架放在烤箱中层，烤12分钟之后，将烤架移至最上层烤5分钟。

TIPS
腌渍的时间不能太短，那样味道只停留在表面。

| 2 | 3 | 6 |

酸奶用新鲜牛奶发酵__制成，清香可口，再加上缤纷的水果于其中畅游，人如何拒绝这美妙滋味？

自制酸奶

{ 时间：8小时　难度指数：**　工艺：发酵
分量：1升酸牛奶 }

材 料

全脂牛奶------- 1000毫升
老酸奶 -------- 50毫升（做引子）

工 具

酸奶机1台，小勺1把

做 法

1. 将酸奶机内胆连盖子用开水淋浇消毒。

2. 将牛奶倒入酸奶机内胆。

3. 将酸奶倒入酸奶机内胆，拌匀。

4. 酸奶机内胆放入酸奶机中，插电，设置成制作酸奶模式，夏天设置8小时即可。

5. 时间到，打开盖子检查状态，如果全部凝固，即可断电放入冰箱冷藏后食用。

TIPS
自制酸奶的发酵时间越长口感越酸，食用时可加入蜂蜜、枫糖浆、水果调味。

| 2 | 3 | 4 |

奶香玉米棒

{ 时 间：40分钟　难度指数：**　工艺：煮
分 量：3根甜玉米棒 }

材　料

新鲜甜玉米棒 --- 3根

黄油 --------- 15克

三花淡奶----200毫升

工　具

刀1把，锅1个

做　法

1. 将玉米棒洗干净，用刀切成小段。

2. 放入锅里，加清水，刚刚没过玉米即可。

3. 加入三花淡奶和黄油。

4. 盖上盖，大火煮开，然后改小火慢煮半小时。

TIPS

喜欢口味甜的，可以加适量白砂糖同煮。

| 1 | 3 | 4 |

生巧克力

{ 时间：12小时▶难度指数：****▶工艺：煮
分量：18小块 }

材 料

巧克力	130克
淡奶油	80克
水饴	8克
黄油	8克
可可粉	适量

工 具

小锅、慕斯圈各1个，小刀、橡
皮刮刀各1把，保鲜膜、油纸各1
张，手动打蛋器1台

1 | 2
3 | 4

做 法 ⌂

1. 准备好巧克力，若是大块的巧克力要切碎备用。

2. 慕斯圈里铺上油纸。

3. 将淡奶油和水饴混合，在锅里用小火煮沸。

4. 将煮沸的淡奶油用画圈的方式倒入装有巧克力的盆里，加入黄油，用刮刀从下到上翻一遍，然后盖上保鲜膜或盖子，闷1分钟。

5. 用手动打蛋器轻轻搅拌，如巧克力没完全熔化，可以隔热水搅拌至全部熔化。

```
5 | 6
7 | 8
```

6. 倒进铺有油纸的模具中，冷藏一晚。（冷藏至变成固体即可）

7. 将冷藏好的巧克力取出，用热水烫过的刀将其切成1厘米的大小。

8. 碗里倒适量的可可粉，把巧克力周围滚上粉即可。

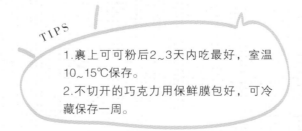

TIPS

1. 裹上可可粉后2~3天内吃最好，室温10~15℃保存。
2. 不切开的巧克力用保鲜膜包好，可冷藏保存一周。

鲷鱼烧

{ 时 间：10分钟　难度指数：****　工 艺：烤
分 量：6条小鱼 }

材　料

鸡蛋 ————————————120克
细砂糖 ———————————48克
蜂蜜 ————————————24克
牛奶 ————————————60毫升
低筋面粉 ——————————120克
泡打粉 ———————————2.4 克
植物油 ———————————18毫升
豆沙馅 ———————————108克
黄油 ————————————适量

工　具

料理碗、手动打蛋器、面粉
筛、量杯、鲷鱼烧模具各1个，
刷子1把

同步视频"码"上看

1 | 2
3 | 4

做法 🔲

1. 鸡蛋加入细砂糖及蜂蜜，用手动打蛋器搅拌均匀。

2. 低筋面粉和泡打粉混合过筛后，在鸡蛋糊中加入一半的面粉，用手动打蛋器拌匀。

3. 加入一半的牛奶搅拌均匀，加入剩下的面粉，搅拌均匀后再加入剩余的牛奶搅匀。

4. 加入植物油，用打蛋器搅匀，装入量杯中方便倒取面糊。

5. 模具先预热，再刷一层熔化的黄油防止粘黏，倒入少许面糊，盖住模具底部即可。

5 6
7 8

6. 放入豆沙馅。

7. 倒入少许面糊盖住馅心，注意角落的地方也要淋到才完整。

8. 盖上模具调至小火，加热约1分钟翻面，再加热2分钟，再翻面烤30秒。试着打开模具，判断是否继续烘烤，如果已经烤好，取出冷却即可。

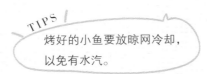

TIPS
烤好的小鱼要放晾网冷却，
以免有水汽。

Chapter 3

麦香与奶香交响曲，优雅的西式点心

西式小点心也是零食的一种，小巧美味的玛德琳蛋糕、口感松软香酥的蛋挞、好玩又好吃的推推乐蛋糕，更少不了奶香味十足的香草泡芙。解馋圣品非它们莫属！

华夫饼

{ 时 间：36分钟 ▶ 难度指数：** ▶ 工 艺：烤
分 量：华夫饼1份 }

材 料

鸡蛋	1个
细砂糖	20克
牛奶	100毫升
蜂蜜	10克
黄油	30克
低筋面粉	100克
泡打粉	3克

工 具

华夫饼机1台，料理碗、面粉
筛、手动打蛋器、量杯、刷子、
晾网各1个

同步视频"码"上看

1 | 2
3 | 4

做 法 🅑

1. 鸡蛋加细砂糖打散。

2. 加入牛奶，用手动打蛋器混合均匀。

3. 将低筋面粉和泡打粉混合过筛，与蛋液拌匀。

4. 黄油隔水熔化；将蜂蜜、熔化的黄油加入面糊中，用手动打蛋器混合均匀，静置至少30分钟待用。

5	6
7	8

5. 华夫饼机预热后，薄薄地刷一层融化的黄油，调到烤制模式。

6. 将面糊倒入量杯里。

7. 把面糊倒入华夫饼机里，倒满。

8. 盖上盖，翻转待熟；熟后取出华夫饼放在晾网上，略冷却再装盘。

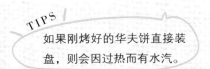
TIPS
如果刚烤好的华夫饼直接装盘，则会因过热而有水汽。

香蕉玛芬

{ 时间：40分钟 · 难度指数：*** · 工艺：烤
分量：4个 }

材料

低筋面粉———100克
鸡蛋 ———————30克
牛奶 ———— 65毫升
香蕉 —————— 120克

泡打粉 ——————5克
玉米油 —— 30毫升
白砂糖 ————20克
红糖 ———————20克

工具

烤箱1台，手动打
蛋器、面粉筛各1
个，玛芬杯4个

做 法

1. 香蕉去皮，切几片留用，其余部分
压成颗粒状或者泥状，低筋面粉、泡打
粉混合过筛。

2. 鸡蛋打散加入牛奶轻轻搅拌，加入
玉米油、白砂糖、红糖搅拌均匀。

3. 加入到压好的香蕉泥里搅拌均匀，
加入过筛的粉，轻轻搅拌均匀。切不可
太过用力和长时间搅拌。

4. 搅拌好的面糊装入玛芬杯，八
分满即可，表面盖上香蕉片。

5. 烤箱提前预热到170℃，中层
烤30分钟，烤至蛋糕上色，膨胀开
裂即可。

TIPS

香蕉用熟透的。碾成带有小颗粒残
余的香蕉泥和牛奶混合，或和牛奶一
起放入料理机打成香蕉奶均可。

| 1 | 3 | 4 |

木糠蛋糕

{ 时间：2小时30分钟 难度指数：** 工艺：冷冻
分量：5个 }

材料

谷优玛丽亚饼干 ————————200克
动物性淡奶油 ——————————300克
炼奶 ——————————————————25克

工具

料理棒1支，电动打蛋器1台，
布丁杯5个，裱花袋、圆形中号
裱花嘴、料理碗、勺子各1个

做法

1. 把饼干用手掰成小块，放入料理棒里面打成粉末，倒入料理碗中备用。

2. 动物性淡奶油倒入料理碗中，用电动打蛋器高速打发至出现纹路但会消失的状态。

3. 加入炼奶，分量可以根据个人的口味放多一点或少一点，然后用电动打蛋器继续打发至纹路不消失的状态。

4. 裱花袋装入圆形中号裱花嘴，再装入淡奶油。

5. 一层饼干碎、一层淡奶油间隔着铺进布丁杯里面，可以用勺子辅助弄平。

6. 放入冰箱冷藏4小时以上，或者冷冻2小时。

TIPS
可以筛上可可粉或者糖粉做装饰。

葡式蛋挞

{ 时 间：23分钟 难度指数：*** 工 艺：烤
分 量：8个 }

材 料

牛奶 ------ 90毫升   动物性淡奶油 --- 100克
炼奶 --------- 5克   低筋面粉--------- 5克
蛋黄 -------- 30克   玉米淀粉--------- 2克
细砂糖 ------ 10克   蛋挞皮 ---------- 8个

工 具

奶锅、手动打蛋器、量杯、筛网
各1个，烤箱1台

做 法

1. 奶锅置于小火上，倒入牛奶、动物性淡奶油、细砂糖、炼奶。

2. 不断搅拌，加热至细砂糖全部溶化，关火凉2分钟。

3. 将蛋黄拌匀成蛋黄液，慢慢加入牛奶中，边加入边搅拌均匀。

4. 筛入面粉和玉米淀粉搅拌均匀，用筛网将蛋挞液过滤一次，放凉备用。

5. 预热烤箱220℃；准备好蛋挞皮，

将放凉的蛋挞液倒入蛋挞皮，约八分满即可。

6. 打开烤箱，将烤盘放入烤箱中上层，烤约15分钟至熟。

7. 取出烤好的葡式蛋挞，装入盘中即可。

TIPS

可以准备喜欢的水果，切成小块，放在蛋挞上一起烤制。

玛德琳蛋糕

{ 时 间：1小时20分钟 ▸ 难度指数：*** ▸ 工 艺：烤
分 量：48个左右 }

材 料

低筋面粉————————————————100克
黄油 ————————————————100克
糖 ————————————————75克
牛奶 ————————————————25毫升
全蛋 ————————————————2个
泡打粉 ————————————————3克

工 具

手动打蛋器、橡皮刮刀、保鲜
膜、小勺子、玛德琳模具各1
个，电动打蛋器、烤箱各1台

1	2
3	4

做　法 🗨

1. 黄油用小锅加热熔化，继续小火煮到焦色，带有似坚果的香味，过滤后冷却待用。

2. 全蛋加入砂糖用电动打蛋器打至糖溶化，颜色变浅、状态变浓稠，形成蛋糊。

3. 低筋面粉和泡打粉混合过筛加入蛋糊中，用手动打蛋器搅拌匀至无干粉。

4. 加入牛奶搅拌均匀。

5 | 6

7 | 8

5. 分次加入黄油搅拌均匀。

6. 盖保鲜膜静置或者冷藏至少一个小时。

7. 面糊倒入模具约八分满。

8. 烤箱预热190℃，放入中层约烤8分钟，直到边缘略带金色，出炉稍
凉1~2分钟，即可脱模冷却。

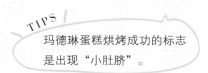

TIPS
玛德琳蛋糕烘烤成功的标志
是出现"小肚脐"。

姜饼人

时间：1小时20分钟 难度指数：*** 工艺：烤
分量：30块

材料

低筋面粉 ───── 250克   糖粉 ───────── 20克

融化的黄油 ──── 50克   红糖 ───────── 25克

水 ────────── 50毫升   蜂蜜 ───────── 35克

鸡蛋 ───────── 1个   姜粉 ───────── 1克

肉桂粉 ─────── 1克

工具

面粉筛、碗、保鲜袋、饼干模具各1
个，擀面杖1根

做法

1. 在备好的碗中依次放入红糖、肉桂
粉、姜粉、蜂蜜待用。

2. 将鸡蛋打散成鸡蛋液，将一半蛋
液、熔化好的黄油倒入碗中。面粉过筛
后，倒入糖粉、水搅拌均匀，让食材充
分混合，用手和成面团。

3. 把和好的面团放在干净的保鲜袋
里，压成饼状，将饼状面团放进冰箱5℃
冷藏1个小时。

4. 将面团放在案板上，用擀面杖擀成厚
薄均匀的薄片，用模具压出饼干模型。

5. 将压好的饼干模型放在烤盘上，将
剩余的鸡蛋液刷在饼干模型表面，静置
20分钟。

6. 预热好的烤箱，设置上下火170℃，
将烤盘放入中层，烤13分钟左右，将烤
好的姜饼人取出，摆放在盘中即可。

TIPS

烤制时间和温度可根据饼的厚
度和烤箱温度自行调节。

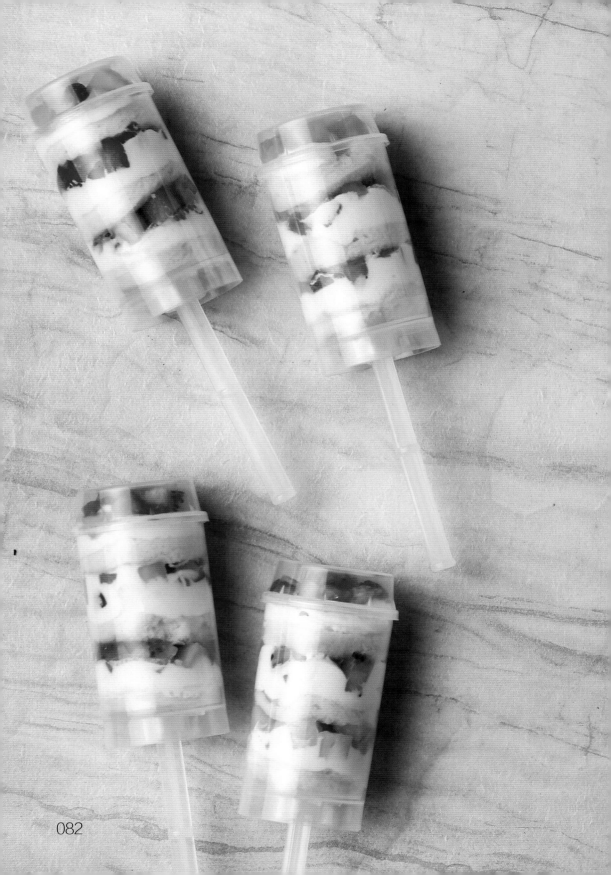

推推乐蛋糕

{ 时间：1小时35分钟　难度指数：****　工艺：烤 }
{ 分量：6个 }

材料

6寸戚风原料：

鸡蛋	3个
低筋面粉	45克
细砂糖	33克
玉米油	23克
水	23毫升
柠檬汁	2~3滴
动物性淡奶油	250克
糖粉	10克
水果	适量

（常用水果如猕猴桃、草莓、芒果）

工具

烤箱1台，6寸圆形戚风蛋糕模具
1个，刀1把，推推乐模具6个，
分片器、裱花袋、圆形裱花嘴各
1个

| 1 | 2 |
| 3 | 4 |

做 法 🖐

1. 将鸡蛋分离，蛋白连盆放到冰箱冷冻。低筋面粉过筛2遍。

2. 蛋黄里加上糖用手动打蛋器搅拌至糖溶化，慢慢加入玉米油，一边加一边用打蛋器搅拌均匀，然后慢慢加入水，搅拌均匀；将低筋面粉分3次加入拌匀，拌到看不到干粉就停手。

3. 烤箱预热150℃。蛋白用电动打蛋器低档打到粗泡时滴入柠檬汁，分3次加入砂糖中档打至干性。

4. 取三分之一的蛋白加入蛋黄糊里，翻拌均匀，再把拌好的面糊全部倒入剩下的蛋白里面拌匀。

5 6
7 8

5. 把面糊倒入模具，轻轻震几下把大气泡震出来，放入烤箱中下层烤50分钟。烤好后拿出来离桌面20厘米处摔下，倒扣，待凉透后将戚风蛋糕脱模并分片。

6. 动物性淡奶油加糖粉用电动打蛋器打发至八分发，装入裱花袋。

7. 用推推乐模具在蛋糕片上刻出蛋糕圆片，将水果洗净切成小丁。

8. 按照一片蛋糕、一层奶油、一层水果的顺序装入推推乐模中，最后盖上盖子即可。

TIPS
做好后放冰箱冷藏，加有新鲜水果的最好在当天食用完毕。

美式巧克力豆饼干

时间：30分钟 · 难度指数：**** · 工艺：烤
分量：28块

材 料

无盐黄油——120克
糖粉 ———————15克
细砂糖 ————35克
低筋面粉——170克
杏仁粉 ————50克

可可粉 ————30克
盐 —————————1克
鸡蛋 —————————1个
巧克力豆————适量

工 具

橡皮刮刀、筛网各1个，锡纸1张，电动打蛋器、烤箱各1台

做 法

1. 黄油室温软化，加入盐、糖粉，用电动打蛋器搅拌均匀。

2. 分2次加入细砂糖混合均匀，直至看不见砂糖。

3. 鸡蛋分2次加入，每次都搅拌均匀。

4. 低筋面粉加杏仁粉、可可粉混合过筛，分2次加入，每次用刮刀切拌混合均匀，直至看不到干粉。

5. 倒入巧克力豆拌匀，和成面团，成形即可，不要过度搅拌。

6. 烤盘铺上锡纸，把面团平均分成17克重量的小团，搓圆，放在烤盘上后用手掌稍微压平。

7. 将烤盘放入烤箱，以上下火170℃烘烤20分钟至熟即可。

| 2 | 5 | 6 |

香脆酥松的外皮，包裹着浓浓奶香的内馅，咬一口，柔软浓郁的香甜在口中爆开，满心都是甜蜜。幸福来得如此突然，浓郁得像那一抹化不开的甜。

香草泡芙

{ 时间：50分钟 · 难度指数：**** · 工艺：烤
  分量：14个 }

材 料

泡芙：

水 —————————————71毫升

无盐黄油 ————————————69克

牛奶 —————————————68毫升

糖 ——————————————3克

盐 ——————————————2克

低筋面粉 ————————————70克

鸡蛋 —————————————121克

香草奶油馅：

牛奶 —————————————268毫升

蛋黄 —————————————38克

白糖 —————————————37克

玉米淀粉 ————————————22克

香草荚 —————————————1根

淡奶油 —————————————200克

工 具

烤箱、电动打蛋器各1台，橡皮刮
刀、裱花袋、圆形裱花嘴、筛网、
手动打蛋器1个，油纸1张

同步视频"码"上看

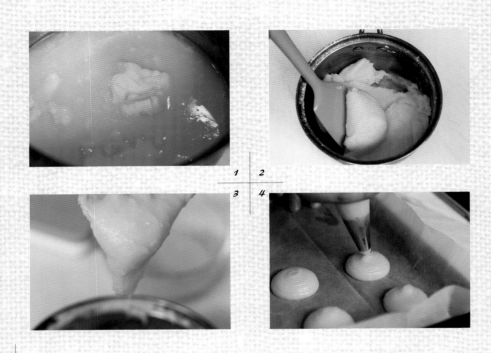

1 2
3 4

做 法 🗋

1. 黄油切小块，将黄油、牛奶、盐、糖、水放到锅里加热至沸腾后离火。

2. 加入过筛的低筋面粉，搅拌均匀；开小火加热，边加热边用橡皮刮刀翻拌，直到锅底出现一层薄膜时离火。

3. 等待降温至50℃左右，分次加入鸡蛋液，少量多次，每次完全吸收之后再加下一次。当提起刮刀，面糊呈倒三角形状时即可，此时如果有剩余的蛋液也不要再加入了。

4. 烤箱预热200℃，烤盘垫上油纸，面糊装入裱花袋，用圆形花嘴在烤盘上挤出大小一样的圆形，中间要留有空隙。

5. 放入烤箱中层烤，大约10分钟待完全膨胀后调至180℃，烘烤15分钟。

5 | 6
7 | 8

6. 煮牛奶，刮出香草籽，和香草荚一起放入牛奶，煮出味道后拿出香草荚（煮沸后多煮1分钟）。

7. 蛋黄加糖，用手动打蛋器搅拌，加入玉米淀粉搅拌均匀；把牛奶的1/3加入蛋黄，用手动打蛋器不停搅拌，再倒回锅里，拌匀后小火加热，不停搅拌（用刮刀铲底部，用手动打蛋器搅拌）至浓稠状离火；淡奶油打发和牛奶蛋黄糊混合搅拌均匀。

8. 泡芙切半，或者底部扎小洞，挤入泡芙馅。

TIPS

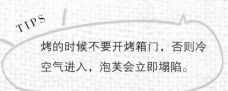

烤的时候不要开烤箱门，否则冷空气进入，泡芙会立即塌陷。

蒜香吐司厚片

{ 时间：15分钟 · 难度指数：** · 工艺：烤
  分量：4块 }

材料

法棍 ————— 半根
大蒜 ————— 4瓣
法香 ————— 适量
黄油 ————— 10克
盐 ————— 0.5克

工具

刀1把，烤箱1台，锡纸1张

做法

1. 黄油室温软化。

2. 法棍斜切成约3厘米的厚片。

3. 法香洗净切碎，大蒜压成泥。

4. 将蒜末、法香碎和黄油混合在一起，放入盐调味搅拌，均匀涂抹在法棍片上。

5. 烤箱预热到180℃，烤盘铺上锡纸，将法棍片放在上面，中层烘烤10分钟即可。

TIPS
除了法棍，还可以用原味吐司切成长条来做。

| 2 | 3 | 4 |

绚彩四季慕斯

{ 时 间：4小时20分钟 ▶ 难度指数：*** ▶ 工 艺：冰冻
分 量：9格 }

材 料

芒果丁、巧克力、蓝莓、抹茶粉、樱桃、桂花、葡萄、

桃子、猕猴桃 ——————————————各适量

牛奶慕斯底：

牛奶 ————————————————400毫升

淡奶油 ——————————————180克

细砂糖 ——————————————30克

香草荚 ——————————————半根

吉利丁片——————————————12.5克

蛋黄 ———————————————3个

工 具

小刀1把，橡皮刮刀1个，电动打

蛋器1台，慕斯模9小格，裱花

袋、细齿型裱花嘴、小锅各1个

同步视频"码"上看

1 2
3 4

做 法 🗂

1. 吉利丁片剪成小片，用4倍量左右的凉开水泡软；香草荚用小刀剖开取籽。

2. 将牛奶、蛋黄、细砂糖、香草籽、香草荚放在小锅里搅拌均匀。

3. 中小火熬煮并用刮刀不停搅拌，直到用手指划过刮刀有清晰的痕迹时关火。

4. 将泡软的吉利丁片捞出，加在蛋黄糊里搅拌至溶化。

5 | 6
7 | 8

5. 淡奶油打发至四分（出现纹路但会马上消失，还会流动）。

6. 分2次将淡奶油跟蛋黄糊混合均匀。

7. 装入模具中，中层加入水果丁。

8. 将慕斯糊摇晃平整，入冰箱冷藏4小时至凝固，取出后用淡奶油挤
出奶油花或用水果装饰，即可。

TIPS

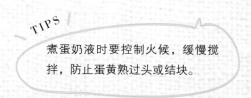

煮蛋奶液时要控制火候，缓慢搅
拌，防止蛋黄熟过头或结块。

Chapter 4

记忆里的味道，属于我们的经典零食

　　说起零食，你记忆中的味道是什么？酸酸的果丹皮，或是甜甜的糖炒栗子，还是香喷喷的烤红薯？我相信这里总有一款你爱的味道。

从儿时吃到的气球糖、雪糕，到长大后在街边渐渐出现现做的食物小摊子，零食的种类越来越多，但每一个章鱼小丸子摊位上的人总是那么多，那出现得不算早的却让人难以忘怀的味道。

章鱼小丸子

{ 时 间：15分钟　难度指数：***　工 艺：煎
分 量：15颗 }

材 料

章鱼烧粉——————————————100 克
清水 ————————————————300毫升
食用油 ——————————————适量
鸡蛋 ——————————————1个
鱿鱼 ——————————————1条
包菜 ——————————————半个
洋葱 ——————————————1个
青海苔粉——————————————适量
木鱼花 ——————————————适量
沙拉酱 ——————————————适量
章鱼烧汁——————————————适量

工 具

章鱼小丸子烤盘、手动打蛋
器、碗、量杯各1个 ，刷子、
钢针各1把

101

1 | 2
3 | 4

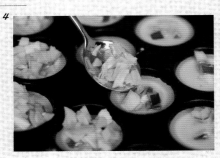

做 法 👄

1. 将鱿鱼、包菜、洋葱切成丁，将章鱼烧粉、鸡蛋、清水用手动打蛋器在碗中搅成面糊，再倒入量杯中备用。

2. 在章鱼小丸子烤盘上刷一层油预热。

3. 将面糊倒入至七分满。

4. 依次加入鱿鱼粒、包菜粒、洋葱粒。

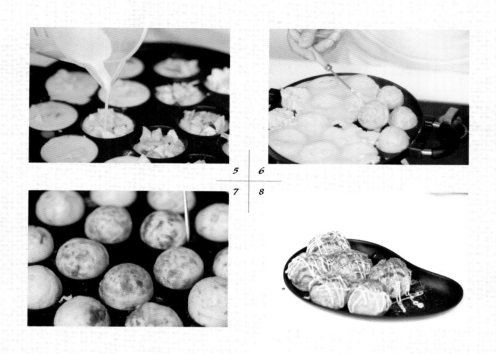

5	6
7	8

5. 继续倒入面糊至将烤盘填满。

6. 待底部的面糊成型后，用钢针沿孔周围切断面糊，翻转丸子，将切断的面糊往孔里塞。

7. 烤至成型后，继续翻动小丸子，直到外皮呈金黄色。

8. 将烤好的小丸子装盘，挤上木鱼花、青海苔粉、章鱼烧汁、沙拉酱。

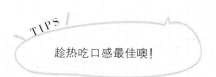

TIPS

趁热吃口感最佳噢！

每个人心中都有一个回到童年的梦想，甜甜的铜锣烧能让你想起那个拥有时光机能穿梭过去及未来的蓝胖子吗？满满一口红豆馅的铜锣烧，似乎回到了童年的样子。

铜锣烧

材 料

鸡蛋 ------ 2个
细砂糖 --- 30克
蜂蜜 ------ 10克
玉米油 – 10毫升

低筋面粉------ 150克
牛奶 --------- 55毫升
泡打粉 ----------1克
红豆沙 -------- 适量

工 具

橡皮刮刀1把，电动打蛋器1台，保鲜膜1张，筛子、平底锅各1个

做 法

1. 低筋面粉加泡打粉混合过筛备用。

2. 鸡蛋打散，加入细砂糖，用电动打蛋器打发，再加入玉米油搅拌均匀，最后加入蜂蜜搅匀。

3. 加入过筛的低筋面粉和泡打粉，用翻拌或切拌的手法使面糊均匀。

4. 加入牛奶调稀面糊（牛奶分次加入），直到提起面糊下落时流动顺畅，中途不间断，即可盖上保鲜膜，静置半小时。

5. 平底锅开小火，不用放油，舀一勺面糊倒入锅中滴落成圆形。

6. 当面糊有气泡鼓起时翻面，稍微烘一会就可以出锅了。

7. 取煎好的面饼，浅色朝内，抹上红豆沙，盖上另一块面饼即可。

TIPS
若是觉得红豆沙太浓稠，可以用牛奶稀释。

2 | 6 | 7

软糯的糯米外皮，裹上一大块香甜的芒果粒，再在椰蓉里滚上一圈，晶莹洁白，如毛茸球般的芒果糯米糍，让人食指大动。

糯米糍

{ 时 间：25分钟 难度指数：*** 工 艺：蒸 }
{ 分 量：9个 }

材 料

芒果 ------- 2个   椰蓉 ------- 适量

牛奶 --- 100毫升   糖粉 ------- 35克

椰浆 --- 100毫升   玉米淀粉--- 30克

糯米粉 --- 120克   无盐黄油--- 15克

工 具

瓷碗、料理碗、手动打蛋器各1个，橡皮刮刀1把，保鲜膜1张

做 法

1. 黄油隔水加热熔化。

2. 将牛奶、椰浆、糯米粉、糖粉、玉米淀粉倒入碗里，用手动打蛋器搅拌均匀至无颗粒。

3. 把熔化成液体的黄油倒进拌匀的面糊里，拌至看不到油。

4. 把面糊倒到一个干净的瓷碗里，水沸腾后大火蒸10~15分钟至熟透。

5. 蒸好的糯米团刮出来放入干净的碗

里，盖上保鲜膜冷却。

6. 芒果切成大丁。

7. 糯米团揪成一小块，揉圆压扁（中间厚，两边薄）包入一块芒果丁，捏紧搓圆。

8. 最后裹上椰蓉。

TIPS

面团多揉会，口感更Q！

2 | 4 | 7

酸酸甜甜是恋爱的味道？不，那是记忆中童年的味道。简单的食材，不简单的味道。

果丹皮

{ 时 间：90分钟　难度指数：***　工 艺：煮、烤
分 量：8根 }

材　料

新鲜山楂 —————————————————800克
白砂糖 —————————————————100克

工　具

刮板、锅各1个，料理棒1支，
刀、橡皮刮刀各1把

同步视频"码"上看

1 | 2
3 | 4

做 法 🖐

1. 山楂洗净去核，切成小块。

2. 将山楂块、糖倒进锅里。

3. 熬至山楂变软后关火。

4. 用料理棒搅打成果酱。

5. 倒入锅内继续加热，用橡皮刮刀搅拌至果酱浓稠不滴落。

6. 烤箱预热至150℃，果酱摊在铺好锡纸的烤盘内抹平。

7. 烤箱上下火150℃，中层烤60分钟左右至表面干爽，按下不黏手，放凉后将整张果丹皮揭下。

8. 用刀切掉四周不平整的地方，再切成片，卷成卷即可。

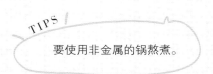

TIPS

要使用非金属的锅熬煮。

走在路上，有时会闻到一阵阵烤红薯的香味，让人不由自主地咽口水，若是
不去买上几个都压不下那些被勾引出来的馋虫……

烤红薯

{ 时 间：60~130分钟　难度指数：**　工 艺：烤
分 量：红薯适量 }

材 料

红薯 ----- 适量

工 具

烤箱1台，锡纸1张

做 法

1. 红薯不用清洗，去掉上面的泥土即可，烤盘垫上锡纸，放上红薯。

2. 放入烤箱中层。

3. 烤箱上下火250℃，根据红薯大小调整烘烤时间30分钟~2小时，烤至红薯表面流油即可。

TIPS
红薯洗过之后会有水汽，口感不好。

| 1 | 2 | 3 |

红薯干

{ 时间：8小时 · 难度指数：*** · 工艺：烤
分量：50根 }

材料

红薯 ---- 500克

工具

蒸锅、晾网各1个，刀1把，烤箱
1台，锡纸1张

做法

1. 将红薯洗净后，放入蒸锅蒸30分钟
左右，至红薯最厚实的部分能被筷子扎
透即可。

2. 待其放凉后，剥去外皮。

3. 用刀将其切为长度适中的几段。

4. 片成厚度约1厘米的薄片。

5. 将红薯片切成长约8厘米左右的长
条状。

6. 依次放置在晾网上，放在通风
处晾一晚。

7. 烤箱预热，烤盘上铺上锡纸，
把红薯条放上去，上下火120℃烤
半小时。

8. 翻面90℃再烤1小时，直至红
薯条变得有韧性即可。

TIPS
要挑选口感绵密甘甜的红心
红薯来制作红薯干。

爆米花

{ 时 间：5分钟 ▸ 难度指数：** ▸ 工 艺：炸
分 量：4人份 }

材 料

玉米粒 ----- 2把（100克）
黄油 ---------------10克
糖 ---------------2大勺

工 具

锅1个，铲子1把

做 法

1. 锅中加入黄油，小火加热熔化。

2. 加入玉米粒、大火，盖上锅盖，大概1分钟就可以听到噼啪噼啪的声音。

3. 转小火，不要掀锅盖，用手端起炒锅不停摇动，持续3分钟左右。

4. 声音逐渐变小，声音差不多消失后即可打开锅盖。

5. 可以看到玉米粒已经爆成米花了，立即加2勺糖，然后用铲子搅拌，待糖熔化后沾到爆米花上即可关火。

> TIPS
> 记得根据锅大小控制放入玉米粒的多少哟，否则容易焦!

午餐肉，是很经典又怀旧的小吃，但现在食品安全问题日益严重起来，大家也都很少买了。于是自己做午餐肉吧，给家人吃放心许多，也可以解馋。

118

午餐肉

{ 时 间：50分钟 · 难度指数：*** · 工 艺：蒸
分 量：20块 }

材 料

猪前腿带肥肉 – 700克	盐 ———————— 3克
葱 ——————————— 25克	糖 ————————— 12克
姜 ——————————— 20克	薄盐生抽—— 20毫升
鸡蛋 ————————— 84克	食用油 ——— 14毫升
面粉 ————————— 65克	浓汤宝 —————— 10克
淀粉 ————————— 65克	五香粉 ——————— 8克
水——————————126毫升		

工 具

蒸锅1个，
料理机1台

做 法

1. 猪肉切小块，葱姜剁碎，放入料理机打成肉泥。

2. 将调料放入肉馅一起拌匀，面粉、淀粉、水、鸡蛋搅均匀后，加入肉馅中搅拌均匀（一直朝一个方向，以增加肉馅的黏度）。

3. 准备一个耐高温的容器，在内部刷一层食用油，以方便脱模。

4. 肉馅装入容器压实，盖上盖子，以防水汽进入。

5. 水开后中火蒸半小时左右。

6. 蒸好之后切片，在锅中煎热即成。

| 1 | 2 | 6 |

119

糖炒栗子

{ 时 间：30分钟 · 难度指数：*** · 工 艺：炒 }
{ 分 量：500克 }

材 料

栗子 ------- 500克   白糖 --------- 10克
海盐 ------- 500克

工 具

平底锅1个，锅铲1个，漏勺1
个，小刀1把

做 法

1. 栗子洗净，在尾端用小刀切一个口子，在清水里泡10分钟，沥干。

2. 在无水无油的平底锅中倒入海盐和沥干的栗子。

3. 慢慢翻炒，注意要使栗子受热均匀，否则生熟会不一致。

4. 待栗子涨开后，加快翻炒频率，盐色渐渐变深。

5. 慢慢把白糖均匀地加入锅中。

6. 炒至糖分焦化，盐发黏，渐渐变成黑色，不断快速翻炒，铲子从锅底插入翻起，保证焦糖不粘锅底。

7. 炒到盐粒不发黏，关火，盖上盖子闷一会，用漏勺将栗子沥出即可。

TIPS
栗子需要受热均匀。局部受热容易烧焦，并可能引起爆炸。

烤馍干

> 时间：25分钟　难度指数：**　工艺：烤
> 分量：2个

材料

馒头 ------ 2个	孜然 ------ 5克
小茴香 ---- 2克	辣椒粉 ---- 3克
椒盐 ------ 5克	食用油 --- 适量
黑胡椒 ---- 3克	

工　具

烤箱1台，锡纸1张，油刷1个

做　法

1. 馒头切成均等的厚片。

2. 将食用油和调料混合（想口味重一点可多放调料）。

3. 烤盘垫锡纸，将馒头片放入，再往上面均匀刷上步骤2的调料。

4. 烤箱预热，放入烤箱，中层180℃，烤10分钟后察看。

5. 将颜色变黄了的馒头片翻面，再烤10分钟。

6. 翻面，烤至手捏不软即可。

> TIPS
> 调料可凭自己口味，喜欢的调料可以多放一些。

"好吃看得见！"

有一种好吃叫长的就很好吃。秀色可餐，更何况是带着"西施容颜"的食物。看着图，玲珑剔透的外皮吹弹可破，可不要忘记擦口水哟~

冰皮月饼

{ 时 间：65分钟　难度指数：*****　工 艺：蒸
分 量：8个 }

材 料

冰皮：

黏米粉 ————————————————50克

糯米粉 ————————————————50克

澄粉 —————————————————30克

炼奶 —————————————————30克

糖粉 —————————————————50克

玉米油 ————————————————30毫升

纯牛奶 ————————————————230毫升

紫薯馅：

紫薯 —————————————————500克

糕粉（80克糯米粉炒至发黄即可）————40克

玉米油 ————————————————少许

炼奶 —————————————————少许

工 具

电子秤1台，电蒸锅、手动打蛋器、捣泥器、冰皮月饼模具各1个，保鲜膜1张、橡皮刮刀1把，隔热手套、一次性手套各1副，揉面垫1张

同步视频"码"上看

125

1 2
3 3

做 法 🗨

1. 将黏米粉、糯米粉、澄粉、糖粉倒入准备好的大碗中，加入纯牛奶，用手动打蛋器搅拌均匀，直至看不到粉状物。然后加入玉米油、炼奶，继续搅拌均匀，搅拌好后放在一旁，即成冰皮面糊。

2. 洗净的紫薯去皮切片，装盘，覆盖上保鲜膜；冰皮面糊倒入盘中，封上保鲜膜，待电蒸锅清水烧开后，两盘分层放入蒸锅，蒸25分钟。

3. 蒸的过程中做糕粉（将糯米粉倒入不粘锅中以中小火炒至微黄）。取出蒸好的紫薯和冰皮面糊，揭开保鲜膜，用筷子在冰皮面糊上画格子，使之均匀散热。戴上隔热手套，趁热用橡皮刮刀将碗底的冰皮面糊刮下，以防粘碗，刮下后等待面糊冷却。蒸好的紫薯捣成紫薯泥，倒入不粘锅，用中小火加热，分次少量倒入玉米油，炒至顺滑粘稠。

4. 关火，加入糕粉混合均匀，再加入少许炼奶混合均匀制成馅料；将放凉后的冰皮面糊反复揉搓成细腻的面团，封上保鲜膜，备用；冰皮与馅料以每份25克的比例称好，拿一个冰皮球压扁呈圆饼状，再用手掌轻轻按压边缘一圈，变成中间厚四周薄的面皮，把馅料球放在面皮中间，把馅料包进去封好口搓圆。

5. 将包好搓圆的冰皮月饼在糕粉中滚一圈使糕粉沾均匀，用月饼模型压出形状即可。

TIPS

冷藏后口感更好。

沙琪玛

{ 时 间：45分钟　难度指数：****　工艺：炸、熬
分 量：20小块 }

材 料

中筋面粉————235克　　葡萄干 ——————50克

鸡蛋 —————————3个　　白芝麻 —————— 少许

麦芽糖 ————— 150克　　白砂糖 ————— 120克

工 具

擀面杖1根，锯齿刀、橡皮刮刀
各1把，温度计1个

做 法

1. 鸡蛋和面粉混合，揉成面团，静置30分钟。

2. 把面团擀成3毫米左右厚的面片（为了防止粘连，记得撒干粉）。

3. 切成面条，长宽约3毫米。

4. 锅内烧热油，下面条炸熟捞出（放入一条面条，能立即浮起来，代表油已烧好；如果用的油炸容器小，要多炸几锅，面条在炸的时候膨胀得厉害，以免油溢出）。炸好的面条放在容器中。

5. 把白砂糖、麦芽糖和水倒入锅内，中小火熬至浓稠（温度计测温130℃）。

6. 倒入炸好的面条、白芝麻和葡萄干迅速搅拌均匀。搅拌好放入铺了油纸的烤盘中，压实，放凉或冷藏定型后切块。

TIPS
定型时一定要使劲儿压硬实，切的时候才不至于散开哟。

橘子糖水罐头

{ 时 间：15分钟 难度指数：*** 工艺：煮
  分 量：2罐 }

材 料

橘子 ------------ 500克

冰糖 ------------ 75克

水 ---------- 400毫升

工 具

锅、耐高温玻璃瓶各1个

做 法

1. 将橘子剥皮，掰成小瓣，撕去橘子瓣上的经络。

2. 将橘子焯水捞出备用。

3. 用一个无油干净的锅，锅里放入水，把冰糖放下去煮化。

4. 将橘子倒入，大火烧开，转中小火熬煮5分钟关火。

5. 将耐高温玻璃瓶入开水中烫过再擦干，不留水迹。

6. 将煮好的糖水橘子趁热装入玻璃瓶中，盖紧盖子，立即倒扣放置，当心烫到手哦。

TIPS
橘子罐头放凉后放冰箱冷藏，味道更好吃。

Chapter 5

尽享丝滑好滋味，甜蜜芬芳的爱心甜品

　　生活需要治愈，而品尝甜点则是治愈的方式之一。一份亲手所制、独一无二的甜蜜，其中洋溢着的温柔暖意在触碰你的味蕾的那一刻便蔓延至内心深处，这份温柔暖意很简单，也很甜蜜。

零食，你的记忆中不会还停留在五颜六色的糖果当中吧？吃吃当然少不了喝喝，碳酸饮料、简单的蜂蜜柚子茶能满足你的味蕾吗？喝其实还可以美美哒！

思慕雪

{ 时 间：6分钟 ▶ 难度指数：** ▶ 工 艺：冰冻
分 量：3杯 }

材 料

老酸奶 ————————————————600克
装饰的水果：
黄心猕猴桃、绿心猕猴桃、草莓、柠檬、
橙子 ——————————————各少许
冰沙：
香蕉 ——————————————2根
草莓 ——————————————8颗
芒果 ——————————————1个
火龙果 —————————————1/3个
木瓜 ——————————————1/3个
菠萝 ——————————————1/3个

工 具

玻璃杯3个，刀1把，料理棒1支

同步视频"码"上看

135

1 | 2
3 | 4

做　法 🖐

1.　需打成冰沙的水果洗干净去皮切成小块，放到冰箱冷冻层冷冻至坚硬结霜。

2.　贴壁装饰的水果切成薄片。

3.　小心地将装饰水果贴在玻璃杯内壁上，可用竹签等工具辅助贴牢。

4.　把老酸奶倒入料理机中，加入冻好的波萝，搅打成泥。

5 | 6

7 | 8

5. 小心地倒入杯子下层。

6. 把老酸奶倒入料理机，加入冻好的草莓，搅打成泥。

7. 小心地倒入杯子上层。

8. 按照个人喜好可在杯子最上面放些水果装饰。

TIPS

水果没有严格的配比，按照个人喜好即可。
若打出来的水果泥过于浓稠，可以加入牛奶
稀释浓度，这样便于分层，不会沉到杯底。

纯天然的滋味，只有品尝过才知道……

138

酸奶冰淇淋

{ 时 间：24小时10分钟　难度指数：***　工 艺：冰冻
分 量：3根 }

材 料

酸奶 ----- 500克
芒果 ------ 1个
淡奶油 --- 适量

工 具

料理机、不插电雪糕机、裱花袋各1个

做 法

1. 将雪糕机放在冰箱冷冻24小时，芒果果肉切成小块。

2. 用料理机将芒果果肉搅打成芒果泥，加入淡奶油，继续搅打均匀。

3. 将雪糕机从冰箱里取出，把雪糕棍垂直插入雪糕机，确保雪糕棍的头部和冰棒机的凹槽相吻合。

4. 用裱花袋将酸奶挤入雪糕机1/3处，再挤入芒果泥，再挤入酸奶，注意不要超过最高刻度线。

5. 耐心等待7~9分钟待凝固（如果室温过高，可以放回冰箱冷冻7~9分钟）。

6. 用雪糕机自带的旋转工具，把雪糕旋转拔出来，插上自带的防滴盖即可食用。

> **TIPS**
> 不喜欢吃芒果的也可以用其他水分较少的水果代替。

| 1 | 2 | 4 |

菠萝牛奶布丁

时间：25分钟　难度指数：* 工艺：烤**
分量：4杯

材料

牛奶 ———— 500毫升　　蛋黄 ———————2个

细砂糖 ————— 40克　　鸡蛋 ———————3个

香草粉 ————— 10克　　菠萝粒 ————— 15克

工具

锅、量杯、搅拌器、筛网各
1个，牛奶杯4个

做法

1. 锅置于火上，倒入牛奶，小火煮热。

2. 加入细砂糖、香草粉，改大火，搅拌匀，关火后放凉。

3. 将鸡蛋、蛋黄倒入容器中，用搅拌器拌匀，倒入放凉的牛奶。

4. 将拌好的材料用筛网过筛2次，倒入量杯中，再倒入牛奶杯，至八分满。

5. 将牛奶杯放入烤盘中，倒入少许清水，将烤盘放入烤箱中，调成上下火160℃，烤15分钟至熟。

6. 取出烤好的牛奶布丁，放凉。

7. 放入菠萝粒装饰即可。

TIPS

细砂糖也可以换成QQ糖哟。

香瓜火龙果沙拉

{ 时间：10分钟 · 难度指数：**** · 工艺：切
分量：1罐 }

材 料

香瓜 ------380克   红提子 ----100克   蜂蜜 ------1大勺

火龙果 ----300克   草莓 ------60克   柠檬汁 ----2大勺

西瓜 ------300克   蓝莓 ------20克   猕猴桃 ----60克

哈密瓜 ----220克   酸奶 ------3大勺

工 具

刀1把，玻璃罐、挖球器各1个

做 法

1. 洗净的草莓去蒂，洗净的红提子对半切开。

2. 洗净的香瓜切成大瓣，去子、去皮，改切成块。

3. 洗净的哈密瓜、西瓜对半切开，去子、去皮、改切成块。

4. 用挖球器将火龙果肉挖成球状。

5. 猕猴桃去皮，切片，切丝，切碎，然后倒入酸奶。

6. 倒入柠檬汁、蜂蜜、拌匀，制成猕猴桃酸奶沙拉酱，倒入准备好的罐子中。

7. 倒入哈密瓜、火龙果球、西瓜块、香瓜块、草莓，摆放上红提子，铺上蓝莓即可。

TIPS

可以根据自己的口味更换水果哟。

143

有人爱吃奶香味道的东西，有人过年喝着健力宝，有人啃着方便面当零食……不一样的口味，但有着一样愉悦的心情，那是美食给我们的满足感。我很开心，因为有你！

榴莲班戟

{ 时 间：35分钟 · 难度指数：*** · 工 艺：煎
分 量：4块 }

材 料

榴莲肉 ——————————————————	200 克
无盐黄油—————————————————	100克
牛奶 ———————————————————	250毫升
玉米淀粉—————————————————	30克
淡奶油 ——————————————————	300毫升
食用油 ——————————————————	适量
鸡蛋 ———————————————————	3个
低筋面粉—————————————————	50克
糖粉（饼皮用） —————————————	25克
糖粉（夹心用） —————————————	20克

工 具

手动打蛋器、平底锅各1个

同步视频"码"上看

1 2
3 4

做 法 🔾

1. 无盐黄油隔水熔化，牛奶倒入碗中，再加入低筋面粉、糖粉、玉米淀粉搅匀。

2. 鸡蛋打散，加入面糊中。

3. 搅拌均匀后过筛。

4. 把小部分面糊倒入黄油里进行乳化（看不见油），乳化后再倒回面糊里混合均匀。

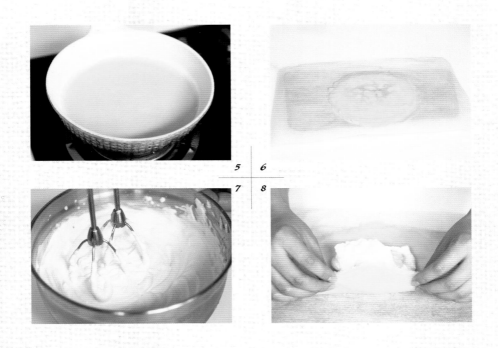

5 | 6
7 | 8

5. 待面糊里气泡消失后开始煎饼皮，平底锅不沾水小火预热，倒入少量食用油开始煎饼皮，晃匀面糊，单面煎熟。

6. 煎好的饼皮层叠起来用油纸包好放入冰箱冷藏30分钟。

7. 淡奶油加糖粉打至硬性发泡，榴莲肉压成榴莲肉泥。

8. 拿出一张饼皮，光滑面朝下，放入打发好的淡奶油和榴莲肉，包好即可。

TIPS
煎面糊的时候最考功夫了，要小心煎，先薄薄的一层，然后可以慢慢加厚。

再忙碌的工作也不能占据生活的全部，一款甜品就能让生活变得精致，冰凉爽口，既可作为零食，又可作为餐前小吃，非它莫属。

红运小番茄

{ 时间：12小时 难度指数：** 工艺：腌渍
分量：2人份 }

材料

小番茄 –– 200克　　柠檬汁 ––– 4毫升
九制话梅––– 4颗　　纯净水 – 110毫升
冰糖 ––––– 25克

工具

锅、浅渍罐各1个，
小刀1把

做法

1. 小番茄洗干净，用小刀沿小番茄的中间划一圈。

2. 锅里放水（分量外）烧开，放入小番茄煮至外皮翻起，捞出降温后小心剥掉皮，放入浅渍罐中备用。

3. 将冰糖、话梅、纯净水倒入锅中，小火煮至水开后，制成冰糖话梅汁。

4. 将冰糖话梅汁倒入容器中放凉，加入柠檬汁，调匀，再倒入浅渍罐中，压上玻璃盖，放到冰箱里冷藏一晚即可食用。

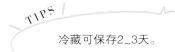

TIPS

冷藏可保存2~3天。

1 | 2 | 4

杨枝甘露

{ 时 间：15分钟　难度指数：***　工 艺：煮
分 量：1碗 }

材 料

淡奶油 –– 100克　　冰糖 –––––15克

椰浆 ––– 30毫升　　饮用水 –––100毫升

芒果 –––– 610克

柚子肉 ––– 适量

工 具

搅拌机1台，

小锅1个

做 法

1. 小锅里面加入水和冰糖，小火加热至冰糖溶化，离火放凉待用。

2. 将柚子肉剥成小粒；芒果洗净，果肉切丁。

3. 将2/3的芒果丁放入搅拌机里搅打成泥，再加入一半的冰糖水混匀。

4. 在芒果糊里加入椰浆、淡奶油、剩下一半的冰糖水，最上面放上柚子肉和芒果丁。

5. 放冰箱冷藏后食用。

TIPS

柚子肉用西柚的，颜色最好看。

小时候一直爱吃雪糕，从伊利苦咖啡到哈根达斯，一根又一根的冰淇淋堆积起来的夏天。而这个夏天，你还记得那位小时候和你一起分享一根冰淇淋的小伙伴吗？我还一直记得你……

香草冰淇淋

{ 时间：6小时 难度指数：** 工 艺：冰冻
分 量：1盒 }

材 料

蛋黄 ———————————————————3枚
牛奶 ———————————————————125毫升
淡奶油 ——————————————————150克
香草棒 ——————————————————半支
砂糖 ———————————————————100克

工 具

电动打蛋器1台，橡皮刮刀1把，
小锅、勺子各1个

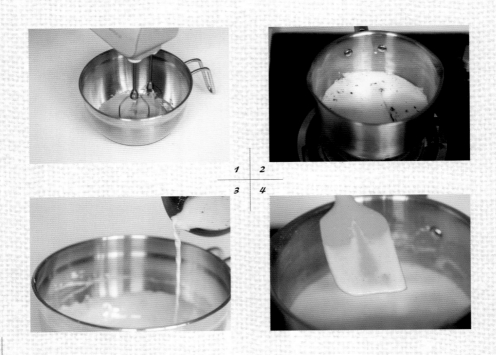

做　法 🗨

1. 蛋黄里倒入70克砂糖，用电动打蛋器低速搅打至糖溶化，蛋液变浓稠并呈淡黄色。

2. 香草棒对半剖开，刮出内部的香草籽，放进牛奶中煮至刚刚沸腾，关火降至不烫手。

3. 香草棒外皮从煮好的牛奶里捡出，将牛奶慢慢冲进蛋黄糊里，边冲边搅拌，以免热度将蛋黄糊烫出蛋花。

4. 把牛奶蛋黄糊倒回小锅加热，轻轻划圈搅拌至黏稠，这时牛奶蛋黄糊沾在勺子上用手划一道痕不会合拢，即可关火，再隔着冰水降温。

5	6
7	8

5. 淡奶油从冷藏室取出后，加入30克砂糖，用电动打蛋器中速打至浓稠并出现明显花纹。

6. 将冷却的牛奶蛋黄糊与淡奶油混合均匀后倒入容器内。

7. 盖上盖子放进冰箱冷冻2小时左右至半凝固取出。

8. 用电动打蛋器低速搅拌一次，再密封好放进冰箱冷冻2小时左右取出搅拌，此工序重复2次后再放冰箱冷冻至凝固即可。

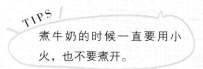

TIPS
煮牛奶的时候一直要用小火，也不要煮开。

155

夏天最爱喝的就是水果沙冰了，酸酸甜甜的味道，入口细腻软滑，最重要的是，它还很健康。

菠萝沙冰

{ 时 间：2分钟 · 难度指数：** · 工 艺：搅拌
分 量：1杯 }

材 料

菠萝 ————————— 半个
冰块 ————————— 半杯
蜂蜜 —————————6克

工 具

搅拌机1台

做 法

1. 菠萝去皮切成小块。

2. 放入搅拌机，加入冰块、蜂蜜以及少量水。

3. 打成沙冰后即可。

4. 打好的沙冰较酸，可适量多加蜂蜜。

TIPS

菠萝的粗纤维比较多，如果想让口感更细腻，可以打成果泥后用滤网过筛一遍。

1 | 2

多色芋圆

{ 时间：2小时　难度指数：****　工艺：煮
分量：6人份 }

材料

芋头（去皮）------- 285克

红薯（去皮）------- 260克

紫薯（去皮）------- 290克

红薯淀粉----------- 390克

马铃薯淀粉---------- 105克

白砂糖 ------------- 90克

椰奶 -------------- 适量

工 具

蒸锅1个，刀1把

做 法

1. 红薯、紫薯、芋头分别切片装盘蒸熟。蒸好后把红薯压成泥，加30克白砂糖、120克红薯淀粉、30克马铃薯淀粉，慢慢加30毫升水，揉成面团状；再揉成细长条，切成1厘米的小段。

2. 把蒸好的紫薯压成泥，加30克白砂糖、120克红薯淀粉、30克马铃薯淀粉，慢慢加30毫升水，揉成面团状；再揉成细长条，切成1厘米的小段。

3. 蒸好的芋头压成泥，加30克白砂糖、150克红薯淀粉、45克马铃薯淀粉，慢慢加30毫升水，揉成芋头团；再揉成细长条，切成1厘米的小段。

4. 锅中倒水，大火烧开后，放入圆子转中火煮到圆子浮起来，再煮1~2分钟即可，煮好的圆子立刻放入冷开水中，过一会儿捞出，这样可以让圆子的口感更Q弹爽滑。

5. 把三种圆子装入容器中，倒入椰奶即可。

TIPS

芋圆一定要现煮现吃，要尽快吃完，放久了口感不好。

159

奶香浓郁、口感细腻的顺德双皮奶令人难以忘怀，嘴馋的时候总想吃到这份美味，其实在家里也能做出来，赶紧动手吧。

双皮奶

{ 时 间：23分钟 ▸ 难度指数：**** ▸ 工艺：蒸
  分 量：2碗 }

材 料

全脂牛奶 —— 500毫升
蛋清 ————————3个
细砂糖 ——————27克

工 具

蒸锅、奶锅、小碗、漏网各
1个，保鲜膜1张

做 法

1. 蛋白和蛋黄分离，蛋白打散备用。

2. 牛奶放锅里煮开。

3. 倒入小碗中，自然冷却到表面结一层奶皮。

4. 将牛奶缓缓倒回锅内，注意不要将奶皮弄破。

5. 牛奶倒出后奶皮贴于碗底。

6. 在碗上放一个漏网，将牛奶缓缓倒入碗中。

7. 冷水入蒸锅，把双皮奶盖上保鲜膜放入锅内。

8. 水开后改中火蒸15分钟后关火，闷2~3分钟之后再开盖，打开保鲜膜可食用。

TIPS
取出后可依个人口味加入蜜豆和自己喜欢的水果食用。

1 | 6 | 7

黑芝麻糊

{ 时间：13分钟　难度指数：***　工艺：煮
分量：1碗 }

材料

黑芝麻 ------30克
糯米粉 -------1勺
糖 --------- 适量

工具

搅拌器1台，筛网、锅各1个

做法

1. 生芝麻淘洗干净（不用提前泡），放到筛网中晾干水分，放入无油无水的锅中，用中小火不停地翻炒，发出噼啪的声音跳起来时就熟了。

2. 将炒好的芝麻放入搅拌器中，加入适量水，打成芝麻浆。

3. 将打好的芝麻浆倒入小锅中，根据自己的喜好加入适量的糖。

4. 中火将芝麻浆煮开，将一勺糯米粉用凉水搅成稀糊状，倒入锅中与黑芝麻浆拌成糊状，关火即可。

TIPS
加入芝麻不要太多，因为芝麻打浆后体积会膨大。

163

浓郁的抹茶遇上香浓的牛奶，小火慢熬，调制成醇香的抹茶酱，配上厚吐
司，一抹惊艳的绿，清新一整天。

抹茶牛奶抹酱

{ 时 间：20分钟 难度指数：*** 工 艺：煮
  分 量：180毫升 }

材 料

牛奶 ————— 200毫升

抹茶粉 ————— 10克

动物奶油 ————— 100克

细砂糖 ————— 80克

工 具

打蛋器、筛网、奶锅、玻
璃瓶各1个，刮刀1把

做 法

1. 抹茶粉过筛备用。

2. 奶锅内放入50毫升牛奶，开中火，
加热到37℃左右。

3. 将加热的牛奶倒入过筛的抹茶粉里，
用打蛋器搅拌均匀，直至没有结块。

4. 奶锅洗干净加入150毫升牛奶、动
物奶油、细砂糖，开小火持续搅拌，煮

至浓稠状（15分钟左右），用刮刀
翻搅至看不到锅底。

5. 加入牛奶抹茶混合均匀，从火
上移开，待降温即完成。

TIPS

趁抹茶还温热时，直接加入煮沸消
毒的瓶子中，可以延长保质期。

1 3 4

当你翻开生活的序章，就已奏响生活的乐谱，每个人生活的主旋律各不相同，可幸福快乐的人曲调却是惊人的相似。因为他们热爱生活、爱美食、爱旅行、爱一切美好的东西，践行着生活美学。

木糠芝士球

{ 时间：4小时　难度指数：**　工艺：冷冻
分量：30个 }

材料

奶油奶酪—————————————————250克

动物性淡奶油 ————————————250克

白砂糖 ————————————————70克

饼干 ——————————————————适量

工具

电动打蛋器1台，橡皮刮刀1把，
玻璃容器、料理碗各1个，挖球
器、料理棒各1支

同步视频"码"上看

1	2
4	6

做 法 🖑

1. 将切小块的奶油奶酪放入料理碗内，隔水加热至熔化，加入白砂糖，用打蛋器打至顺滑。

2. 加入50克动物性淡奶油，搅拌均匀成芝士糊。

3. 将剩余的200克动物性淡奶油打发至六分发。

4. 打发的奶油分2次与芝士糊搅拌均匀，倒入玻璃容器中，放冰箱冷冻至凝固。

5. 将饼干用手掰成小块，用料理棒打成碎末。

6. 取出冰冻好的芝士，用挖球器挖成球形，裹上饼干碎即可。